MÉMOIRE ET OBSERVATIONS

SUR LA PRÉPARATION

ET LES EFFETS THÉRAPEUTIQUES

DES

PILULES FERRUGINEUSES

PROPRES A COMBATTRE

LES AFFECTIONS CHLOROTIQUES.

MÉMOIRE ET OBSERVATIONS

SUR LA PRÉPARATION

ET LES EFFETS THÉRAPEUTIQUES

DES

PILULES FERRUGINEUSES

PROPRES A COMBATTRE

LES AFFECTIONS CHLOROTIQUES,

Adressé à l'Académie royale de médecine
le 27 novembre,

PAR M. ADORNE DE TSCHARNER,

Docteur en médecine, ex-chirurgien principal aux armées, chevalier de
plusieurs ordres et membre de plusieurs Sociétés savantes.

A PARIS,

CHEZ J.-B. BAILLIÈRE,

LIBRAIRE DE L'ACADÉMIE ROYALE DE MÉDECINE,
RUE DE L'ÉCOLE DE MÉDECINE, 17.
A LONDRES, CHEZ H. BAILLIÈRE, 219 REGENT STREET.

1838.

MÉMOIRE ET OBSERVATIONS

SUR LA PRÉPARATION

ET LES EFFETS THÉRAPEUTIQUES

DES

PILULES FERRUGINEUSES

PROPRES A COMBATTRE

LES AFFECTIONS CHLOROTIQUES,

*(lue à l'Académie royale de médecine
le 27 novembre ?)*

PAR M. ADORNE DE TSCHAUNER,

Docteur en médecine, ex-chirurgien principal aux armées, chevalier de
plusieurs ordres correspondant de plusieurs Sociétés savantes.

A PARIS,

CHEZ J.-B. BAILLIÈRE,

LIBRAIRE DE L'ACADÉMIE ROYALE DE MÉDECINE,

RUE DE L'ÉCOLE DE MÉDECINE, 17.

A LONDRES, CHEZ H. BAILLIÈRE, 219 REGENT STREET.

1838.

Messieurs,

Donner aux pilules ferrugineuses du docteur Blaud, la stabilité qu'elle laissent à désirer pour etre un médécament d'une action constante et égale, et cela par un moyen simple, qui ne nuise pas à leur dissolution.

Prouver que, quand elles sont bien faites, elles ne perdent point leurs propriétés aussi promptement qu'on vous l'a assuré, il y a quelques semaines, à l'occasion des perfectionnemens dûs à MM. Becker et Klauer de Mulhouse, et que l'on attribue à M. Vallet.

Chercher à prouver que ces dernières pilules, ne sont pas aussi invariables dans leur composition qu'on l'a avaucé ; démontrer que celles de Blaud conservent encore une supériorité d'action du docteur sur les premières. Indiquer un nouveau mode d'administration du fer très-efficace pour combattre la chlorose ; tels sont, messieurs, les points sur lesquels j'ai porté mes recherches, et les motifs qui m'engagent, aujourd'hui, à fixer un instant l'attention de l'Académie sur un sujet aussi important pour la pratique.

Ainsi, malgré le changement de manipulation qui vous a été proposé par M. Vallet, lequel l'a emprunté à MM. Becker et surtout Klauer de Mulhouse, dont il a trouvé dans un journal allemand de Heidelberg (Annalen der pharmacie, vol. 19, p. 129). Le travail original (1) qu'il a ensuite publié, par extrait dans

(1) D'après cela ne serait-il pas préférable, juste même, de conserver à cette préparation le nom de pilules de *Becker* et Klauer ? ou simplement

le n° de février 1837 page 86, du journal de pharmacie de Heidelberg, l'expérience démontre cependant encore tous les jours, non seulement l'incontestable utilité des pilules, plus connues sous le nom du docteur Blaud (dont les recherches importantes n'ont pas peu contribué à faire connaître les précieux avantages de ce médicament) qui, au fond, n'est qu'une imitation de celles de Griffith, de la pharmacopée de Londres; mais encore leur supériorité d'action qui est des plus marquées et des plus satisfaisantes dans le traitement des affections chlorotiques.

Soit maintenant, que cette supériorité dépende de la portion de carbonate de potasse restée libre, et de la petite quantité de sulfate de potasse qu'elles contiennent, outre le carbonate de protoxide de fer ; ces sels pouvant avantageusement seconder l'action du fer sur les voies digestives et le système absorbant, comme le fait pressentir d'ailleurs Vauquelin (1) ; surtout s'il était vrai, comme le pensent plusieurs praticiens distingués, que la chlorose est souvent due à un dérangement des fonctions digestives, d'où résulterait secondairement une altération des principes constituants du sang, qui ne recevrait plus les élémens nécessaires à sa composititon et à ses fonctions.

Soit qu'elle dépende de toute autre cause, les résultats nombreux et journaliers sont là pour prouver que les pilules de Blaud sont un moyen presque spécifique, contre la chlorose, et par conséquent précieux à conserver; comme le pensent au surplus plusieurs membres distingués de votre honorable compagnie, tels que MM. Double, Mérat, De Lens, Alard, etc.

Toutefois, il n'est pas moins clairement démontré qu'elles ont plusieurs inconvéniens notables qui sont :

1° De n'être point un médicament stable, le carbonate de protoxide de fer qui en fait la base, changeant d'état en très-peu de temps, c'est-à-dire passant à celui de peroxide hydra-

---

de pilules alsaciennes ? Puisqu'elle est le fruit des recherches de deux alsaciens, plutôt que de les appeler pilules de *Vallet*, comme l'a fait la commission, ce pharmacien l'ayant seulement exécutée avec plus de précision, et substitué constamment au sucre le miel.

(1) *Annales de chimie et phys.*, tom. I, pag. 9.

7

té, ce que le rapporteur du mémoire de M. Vallet rend par les termes suivans : « Il manque donc à la formule du docteur
» Blaud, comme à celle dont elle est une imitation , le carac-
» tère essentiel d'un bon médicament , la stabilité : il n'est
» *plus le lendemain* ce qu'il était la veille ; sa composition
» *change avec l'âge de la préparation.*»

Si cette composition change avec l'âge, et si au bout de trois jours, comme le dit encore le rapporteur : «Le protoxide de
». fer en avait presque complétement disparu, vu qu'il était en-
» tièrement transformé en hydrate de péroxide , et s'il avait
» tout à-fait disparu au 15ᵉ jour;» je demanderai quel nouveau changement sera survenu au bout d'un mois, de trois, d'un an d'âge et plus , et pourquoi des chlorotiques ont été guéries avec des pilules qui n'avaient pas moins de vingt jours de date? de deux choses l'une, ou le fer n'y change pas si promptement d'état, ou son péroxide, surtout combiné à un alcali, est un puissant anti-chlorotique.

2º D'avoir assez généralement une odeur tellement repoussante, qu'il devient impossible de les faire avaler à quelques jeunes personnes qui préfèrent, disent-elles, mourir, que de faire usage d'un tel médicament; ce qui tient à la mauvaise préparation de ces pilules, comme je le prouverai tout à l'heure.

3° D'être trop volumineuses, si on suit la formule du docteur Blaud , qui fait quarante-huit pilules de la masse résultant d'une demi-once de sulfate de fer, de même poids de sous-carbonate de potasse , et d'autant, à peu près, de poudre inerte ou de réglise, qu'on est obligé d'y incorporer pour pouvoir obtenir la consistance pilulaire. On a donc ordinairement pour résultat quarante-huit bols de dix-huit grains au lieu de pilules, ce qui est une nouvelle difficulté dans leur administration.

4º De déterminer, dans certains cas, même à petite dose, des pincemens d'estomac et des coliques assez fortes, surtout chez les personnes irritables, comme le sont beaucoup de chlorotiques.

C'est dans l'espoir de faire disparaître ces inconvéniens et de conserver à la thérapeutique ce précieux moyen dans toute son énergie et sa stabilité, pendant plusieurs mois, temps ordinairement suffisant à la guérison , que je prends la liberté de vous soumettre un perfectionnement qui , quoique bien simple, paraît réunir ces avantages, puisque je possède des pilules faites le 3 août de cette année, dans lesquelles on retrouve encore le fer à l'état de carbonate de protoxide , et préservées des inconvéniens désignés ci-dessus.

Je me suis d'abord demandé quelle pouvait être la cause de la couleur ocrée qui survient, au bout de très-peu de temps, aux pilules du docteur *Blaud*, que tout annonce être une suroxidation du fer, une légère analyse m'ayant prouvé que ce métal y passait à l'état de peroxide, comme l'ont reconnu depuis, messieurs les commissaires chargés d'examiner le travail de M. *Vallet*. Mais d'où vient cet oxygène ? est-il dû à l'action de l'air atmosphérique, ou à une réaction des composans de ce médicament ? Quelques expériences qu'il serait trop long d'indiquer ici, m'ont démontré que cela était principalement dû à l'action de l'air sur ces pilules , et un peu à l'eau de cristallisation contenue dans les deux sels qui servent à les composer, surtout quand on emploie du sous-carbonate de potasse, comme le fait M. le docteur *Blaud*, au lieu de celui de soude avec *Griffith*, *Klauer* et autres. Cette petite portion d'eau cède son oxygène au fer, et de là le dégagement d'hydrogène plus ou moins sulfuré et fétide, et peut-être du gaz ammoniac , selon la pureté des sels et l'espèce de poudre inerte que l'on aura employés à leur confection.

Cela posé, il ne restait plus qu'à trouver un moyen capable d'empêcher l'action de l'air et de l'humidité sur ces pilules, sans en changer les propriétés , ni rendre leur dissolution dans les voies digestives plus difficile (comme font les capsules employées aujourd'hui) , tout en renfermant en elles l'odeur désagréable que dégage cette masse, même lorsqu'elle est bien faite.

Pour obtenir ce résultat, il faut :

1° Porter une grande attention et une grande dextérité à la manipulation de la masse pilulaire, qui , au dire de tous les pharmaciens , est une des plus difficiles à former, pour obtenir promptement la consistance pilulaire , vu que les deux sels qui en forment la base, s'humectent par leur mélange, ramollissement que l'on peut en partie éviter, en privant préalablement ces deux sels d'une portion de leur eau de cristallisation.

. . Au lieu donc d'y introduire, comme on le fait généralement, de la poudre de réglisse , dont la présence ne contribue pas peu à la mauvaise odeur de ces pilules, et avec le docteur Blaud, du mucilage de gomme adragant, qui les rend d'une trop difficile dissolution . quand elles sont sèches, il convient d'y incorporer successivement à peu près la moitié d'une demi-once de poudre de guimauve (que l'on pourrait remplacer par une plus active , s'il y avait indication) et du sucre, en conservant l'autre moitié pour la manipulation, et d'humecter cette masse d'un peu de mucilage de gomme arabique très-sucré; car il est bon de rappeler que le sucre, le miel et certains extraits végétaux sont des puissans moyens de protéger le fer contre i'oxidation, comme l'a prouvé Klauer.

2° Il ne faut employer à leur composition que le proto-sulfate de fer pur de *Bonsdorff*, et si on ne peut se le procurer, un sulfate de fer pur, que l'on aura fait bouillir dans de l'eau distillée avec de la limaille de fer, et cristalliser à plusieurs reprises, pour qu'il soit dépouillé des métaux malfaisans , et formant un sel basique, et que le sous-carbonate de potasse très-pur, qu'il serait préférable de remplacer par celui de soude qui n'est point déliquescent.

Par ce procédé, l'on obtient très-promptement une masse de bonne consistance , qu'il faut aussitôt convertir en pilules avec l'attention de ne point laisser d'interstices dans leur intérieur, pour que l'air ne puisse s'y introduire.

3° Aussitôt que les pilules sont faites (1), il faut les rouler avec promptitude, sur un plateau que l'on aura enduit d'une couche mince d'un sirop composé de parties égales de gomme arabi-

(1) Ici on pourrait employer plusieurs autres moyens pour les préserver de l'action de l'air , comme de les recouvrir d'une couche de gélatine, de feuilles d'argent, etc., ou de les enfermer dans un petit flacon. Je me suis arrêté au plus simple.

que et de sucre , un peu étendu d'eau froide ; dès que l'on s'aperçoit qu'elles sont légèrement humectées sur tous les points de leur surface , il faut les rouler sur un autre plateau couvert d'une poudre très-fine, composée de parties égales de gomme arabique et de sucre aromatisé de quelques gouttes d'huile essentielle de citron , d'orange, ou de menthe. Dès qu'elles sont bien recouvertes d'une légère couche de cette poudre, on les laisse sécher pendant une heure, environ ; puis on les repasse de nouveau sur les deux plateaux, et on les laisse une seconde fois sécher.

Par ce moyen , on parvient à former autour d'elles une couche aromatisée, imperméable à l'air, qui les préserve très-bien , et les rend infiniment plus faciles à prendre, en masquant, à la fois, leur mauvaise odeur et leur saveur styptique; ce qui fait disparaître leur second inconvénient.

On remédie au troisième, c'est-à-dire à leur volume excessif en faisant de la masse, qui , d'après la formule de M. *Blaud* pèse une once et demie, 96 pilules dont chaque sera de 9 grains et aura le volume d'un pois , sauf à en doubler le nombre pendant leur administration.

Quant au quatrième inconvénient, je me suis assuré que les pilules de M. le docteur *Blaud*, sagement administrées et lorsqu'elles ne sont pas contre-indiquées par des symptômes d'irritation dans les voies digestives, ne donnent de coliques que quand on les confectionne (comme cela n'arrive que trop fréquemment), avec le sulfate de fer du commerce qui contient souvent, outre du peroxide, une assez forte proportion de cuivre , de zinc et autres métaux nuisibles , au lieu de prendre le proto-sulfate de fer pur, obtenu par le procédé de *Bonsdorff*, dont la préparation est connue de tout le monde, et que M. Berthemot m'assure avoir encore simplifiée. Ce sel se reconnaît très-facilement à sa couleur bleuâtre du béryl, et non verdâtre comme le sulfate de fer du commerce.

On ne saurait donc trop recommander aux praticiens qui désirent administrer les pilules de carbonate de fer du docteur *Blaud*, de les formuler comme il suit, et de ne pas se borner à écrire simplement : pilules de *Blaud*, comme cela arrive souvent.

℞ Sulfate de fer de *Bonsdorff*, récemment préparé ;
Sous-carbonate de potasse pur,
ou mieux de soude pur ;
Poudre de racine de guimauve et sucre ; āā ℥ ß
Mucilage de gomme arabique sucré ; *q s.*

Pour 96 pilules qui doivent être recouvertes de deux couches faites de poudre très-fine de gomme arabique et de sucre, aromatisé de quelques goutes d'huile essentielle de citron, d'orange, ou de menthe.

De cette façon, ils auront des pilules débarrassées des inconvéniens qu'on pouvait leur reprocher, et qui méritent d'être d'autant plus préférées à celles de M. Vallet, qu'on tient ces dernières à un prix si élevé qu'elles ne sont plus à la portée de la classe peu aisée, dans laquelle se trouvent incontestablement le plus de chlorotiques. Il me reste maintenant à prouver que les pilules du docteur Blaud, bien faites, ne s'altèrent pas aussi promptement qu'on l'a énoncé.

J'ai préparé à cet effet, d'une part une masse pilulaire avec du sulfate de fer, et le sous-carbonate de potasse de commerce à parties égales, en triturant avec suffisante quantité de mucilage de gomme adragant et un peu de poudre de réglisse, jusqu'à consistance nécessaire, ce qui a été fort long et a donné pour produit une substance d'un brun rougeâtre, dégageant une odeur assez forte et désagréable.

D'autre part j'en ai fait une avec du sulfate de fer pur de Bonsdorff et du sous-carbonate de potasse pur, que j'ai préalablement privés d'une partie de leur eau de cristallisation, et que je n'ai triturés, en contact avec l'air, qu'autant qu'il l'a fallu pour y incorporer de la poudre de sucre et de racine de guimauve à parties égales, et obtenir l'homogénéité et la consistance nécessaires.

Le produit de cette deuxième opération différait essentiellement de celui de la première, en ce qu'au lieu de brun foncé rougeâtre, il était d'un vert grisâtre clair et beaucoup moins odorant. J'ai converti l'un et l'autre produit en petits gâteaux de la forme et de l'épaisseur d'une pièce de cinq francs ; j'ai abandonné le premier à la température atmosphérique tandis que j'ai séché le deuxième à une plus élevée. Voici ce qui est arrivé : Au bout du deuxième jour, le premier avait déjà un peu l'apparence jaunâtre d'ocre à sa face supérieure ; le deuxième, au bout de huit jours, n'était devenu qu'un peu plus foncé et ne présentait encore aucune tache rouillée. L'un et l'autre, analysés à cette époque, ont offert sous le rapport de l'oxydation du fer des résultats tellement différens, que je ne crains point d'affirmer que la masse qui a servi de point de comparaison à la commission, a été faite par le procédé que j'ai employé dans le premier cas.

Ces résultats m'ont amené à examiner la masse pilulaire que vend M. Vallet, à laquelle, je me plais à le dire, on doit reconnaître, sous le rapport chimico-pharmaceutique, des avantages sur les autres préparations ferrugineuses.

Toutefois elle n'est pas tellement stable qu'elle soit toujours la même; le fer y est d'abord, moitié à l'état de carbonate de protoxide, et moitié à un degré d'oxigénation très-rapproché du deutoxide (sesquioxide). Cette masse, étendue en couches minces et exposée pendant quelque temps à l'action de l'air un peu humide, devient d'un vert noir très-foncé, de brun clair et verdâtre qu'elle était; ce qui annonce que le fer y est passé à l'état d'æthiops martial ; le sel de protoxide de fer n'y est donc pas aussi complétement défendu, par le miel, contre l'action de l'oxygène atmosphérique qu'on le suppose.

Il me reste enfin à vous entretenir, messieurs, des essais comparatifs auxquels je me suis livré, sur l'action de ces deux médicamens ; il en résulte, pour moi, que les pilules du docteur Blaud, surtout préparées par le mode que j'indique, ont une action plus prompte que les pilules de Klauer, quoique les unes et les autres soient très-puissantes contre les affections chlorotiques; mais, le sujet nécessitant des détails un peu longs, et craignant d'abuser des momens de l'Académie, j'aurai l'honneur de l'en entretenir dans une autre séance, si elle veut bien me le permettre.

Je termine en indiquant un nouveau mode d'administration du fer, très-efficace pour combattre la chlorose, et qui m'a parfaitement réussi pendant que j'exerçais la médecine à Colmar ; il consiste à prescrire pendant plusieurs jours de suite, des bains composés de trois quarts d'eau et un quart de lie de vin blanc, prise au moment du soutirage, et dans laquelle on aura préalablement fait macérer pendant deux jours une forte portion de limaille de fer non oxidée. Ces bains doivent être à la température de 27 à 28 degrés thermomètre de Réaumur, n'être pas trop prolongés : un quart d'heure ou vingt minutes suffisent. Par ce moyen j'ai rétabli plusieurs jeunes chlorotiques chez lesquelles le fer, administré sous différentes formes, sous celle des pilules de Klauer entre autres, n'avait produit que peu de soulagement.

On a dû remarquer que jusqu'ici, pour entrer dans l'esprit du rapport de M. Soubeiran, j'ai voulu supposer que le carbonate de protoxide de fer, était la préparation la plus avantageuse pour combattre promptement et sûrement la chlorose. Cependant, telle n'est point ma conviction, et aucun fait bien constaté, à ma connaissance, ne prouve jusqu'ici cette supériorité, et n'autorise la préférence qu'on voudrait leur faire accorder d'une manière aussi exclusive ; car les formulaires de tous les pays sont remplis de préparations qui ont le fer pour base, sous différentes formes, et avec lesquelles nos prédécesseurs et contemporains ont guéri parfaitement les chlorotiques. De ce nombre sont la limaille de fer porphyrisée qui fait la base de 45 prescriptions de pharmacopées. Le safran de mars apéritif, que l'on supposait être un carbonate de fer, et que de nouvelles recherches ont démontré être presque entièrement composé de péroxide, uni à une très-petite portion de ce carbonate. Ce péroxide entre dans une foule de préparations, le tartrate de fer, quelquefois uni à celui de potasse, comme dans les boules de Nancy, le tartre martial soluble, le tartre chalybé, la teinture de mars de Ludovic, la teinture de mars tartarisée.

Les vins, les mixtures chalybés, les eaux minérales ferrugineuses, etc., préparations qui ont joui d'une grande célébrité, et qui ont eu leurs prôneurs et leurs succès connus de tout le monde.

Mais ce qu'il m'importe de démontrer, c'est que le péroxide, que l'on cherche si fortement à éviter, dans la préparation des pilules dont nous avons parlé, est lui-même un puissant anti-chlorotique, ce qui est déjà prouvé par les cures nombreuses obtenues de tout temps par le safran de mars apéritif, la rouille, ainsi que par les pilules de Blaud, très-anciennes et complétement ocrées; et qui, dans cet état, conservent une grande et utile énergie. Quelques essais auxquels je me suis livré et que je me propose de continuer dans les hôpitaux, sous les yeux des praticiens distingués de ces établissemens, m'ont encore affermi dans cette opinion.

Bien qu'une expérience de plusieurs siècles ait prouvé les propriétés anti-chlorotiques du safran de mars apéritif, et bien qu'il soit tenu aujourd'hui pour un péroxide de fer, cette substance, contenant cependant encore une très-petite portion de carbonate de fer, à laquelle les partisans de ce dernier, pourront attribuer sa propriété anti-chlorotique. Malgré sa petite quantité, j'ai préparé, pour lever tout doute à cet égard, des pilules qui ne contiennent que du péroxide pur, et avec lesquelles je me suis livré à des essais comparatifs, qui ont pour résultat, jusqu'à présent, de prouver que la propriété anti-chlorotique est loin d'être réservée au carbonate de protoxide de fer. Ceci prouvé, on concevra facilement avec moi que puisque, d'une part, on peut donner de la stabilité aux pilules du docteur Blaud, en faveur desquelles une longue expérience s'est prononcée, et que d'un autre côté, ces pilules, rouillées même, conservent leur puissante action, supérieure, jusqu'à ce jour, à celle des pilules auxquelles M. Vallet juge convenable de donner son nom, parce qu'il a choisi parmi les corps sucrés, indiqués par leurs auteurs comme préservateurs, un autre que celui auquel M. Klauer s'était arrêté. On conviendra, dis-je, qu'il sera inutile de payer 6 fr. le cent de ses pilules. Tandis qu'on pourra remplir plus sûrement, et surtout plus promptement, le but qu'on se propose à bien moins de frais, et qu'en un mot cette modification, ou nouvelle préparation de fer, ne mérite pas plus d'importance que MM. Becker et Klauer, leurs véritables auteurs, ne lui en ont attaché. Depuis, sur une simple mention que fait de ce travail la Gazette médicale à l'occasion du compte-rendu des séances de l'Académie de médecine, M. Vallet, sans le connaître, s'est empressé d'adresser à tous les journaux une réponse dans laquelle il prétend que je suis dans l'erreur, qu'il est bien l'auteur de cette préparation ; qu'une simple vérification suffit pour le prouver : il eût été plus simple de rappeler le procédé de M. Klauer et le sien en regard ; car par-là il aurait mis ses lecteurs à même de remarquer que la seule chose que M. Vallet ait changée au premier, c'est d'avoir combiné le miel au carbonate de fer, d'en avoir fait des pilules, tandis que M. Klauer n'en faisait dans le principe qu'une poudre avec le sucre, qu'il ne tarda pas à convertir en pilules au moyen tantôt de l'extrait de réglisse, tantôt du miel ou autres substances qu'il avait indiquées comme capables de prévenir l'oxidation ultérieure du fer.

Quelle est, en définitive, la préparation de fer, que l'expérience démontre être la plus efficace, et qu'il convient de préférer, dans la généralité des cas, pour guérir promptement la chlorose ? N'y aurait-il pas un choix à faire, suivant l'espèce de chlorose que l'on a à combattre ?

Comment agit le fer dans ce cas ? est-ce en se combinant au sang pour en augmenter l'hématosine ?... est-ce en réveillant l'action des fonctions d'assimilation, comme tonique ?... est-ce enfin parce que ce métal jouit d'une propriété, en quelque sorte, spécifique, contre cette affection et dont le mode d'action serait inconnu ?... c'est ce qui fait le sujet du second mémoire que je compte avoir l'honneur de vous soumettre.

FIN.